非洲豹宝宝

阿尔卑斯羱羊宝宝

NATIONAL
GEOGRAPHIC
KIDS

国家地理
经典百科全书
动物宝宝百科

〔美〕玛雅·迈尔斯 ／ 著

刘勇军 ／ 译

四川少年儿童出版社

目录 Contents

黑脉金斑蝶的幼虫

耳廓狐

苏门答腊猩猩

简介

欢迎来到动物宝宝的世界！小动物们不仅很可爱，还很不可思议。本书介绍了几十种不同种类的动物宝宝，你将了解到这些小动物是如何出生的、生活在哪里、它们的家庭是什么样的、如何获取食物、能多快学会独立生活。而所有这一切，跟我们人类养育孩童同样重要。

第一章 介绍了读者将在书中了解到的各种不同类型的动物宝宝。这一章还回答了一些问题，比如"什么是哺乳动物？""鸟类是唯一从蛋中孵化的动物吗？""爬行动物和两栖动物有什么区别？"……

第二章 带读者走进世界各地的草原，去看看在开阔的平原上跳跃、昂首阔步、奔跑和翩翩飞舞的动物宝宝，如小兔子、小鸵鸟、小象和蝴蝶等。

第三章 来到水边，去看一看生活在海洋、河流和湖泊之中及其附近的动物宝宝。在这一章里，你可以看到世界上最大的幼崽和最小的幼崽，以及鸭子、海龟、短吻鳄和河马等。

第四章 讲述了生活在岩石坡和干燥沙漠中的动物宝宝。这些地方有极端的气候条件，但野生山羊和草原犬鼠等动物生来就适合居住在这里。

第五章 深入森林，寻找在地上、水中、树上甚至地下出生的小动物。在树林之间，你会遇到青蛙、猩猩、树懒和山雀。

第六章 前往地球上最寒冷的极地，寻找生活在冰天雪地里的动物宝宝。企鹅、北极熊、狼和麝香牛都是极地地区令人着迷的动物。

阅读指南

"信息框"贯穿全书，帮助读者更深入地了解书中的各种动物。

"小知识"便于读者快速了解动物的基本习性和家庭成员：它们是什么种类的动物，宝宝叫什么名字，生活在哪里，可能有多少兄弟姐妹，吃什么，出生时有多大。

狞猫耳尖上的一簇黑色皮毛可以增强它们的听觉。

母狞猫不挖巢穴，而是使用其他动物留下的空穴。

狞猫

这些可爱的小狞猫长大后会变成凶猛的猎手。

gāng chū shēng de níng māo bǎo bao shén me dōu bú huì. jiē
刚出生的狞猫宝宝什么都不会。接
xià lái 10 duō tiān de shí jiān, tā men de yǎn jing dōu wú fǎ wán
下来10多天的时间，它们的眼睛都无法完
quán zhēng kāi. xiǎo níng māo hē mā ma de nǎi, yì zhí zài zhǎo mā
全睁开。小狞猫喝妈妈的奶，一直在找妈
mā shēn biān, zhè ge guò chéng yào chí xù jǐ gè xīng qī.
妈身边，这个过程要持续几个星期。
zhī hòu, tā men zǒu chū dòng xué hé xiōng dì jiě mèi men yì qǐ wán shuǎ. tā men pǎo pǎo
之后，它们走出洞穴，和兄弟姐妹们一起玩耍。它们跑跑
tiào tiào, hái huì shuāi jiāo. dàn tā men bù jǐn jǐn shì zài wán, yě shì zài liàn xí shēng cún jì
跳跳，还会摔跤。但它们不仅仅是在玩，也是在练习生存技
néng, ràng zì jǐ chéng zhǎng wéi yōu xiù de liè shǒu.
能，让自己成长为优秀的猎手。

你能跳多高？

xiǎo níng māo huì hé mā ma yì qǐ shēng huó yì nián zuǒ yòu. tā
小狞猫会和妈妈一起生活一年左右。它
men guān chá hé xué xí mā ma bǔ liè, hěn kuài jiù néng tiào 3 mǐ duō
们观察和学习妈妈捕猎，很快就能跳3米多
gāo, bǔ zhuō dào fēi xíng zhōng de niǎo ér.
高，捕捉到飞行中的鸟儿。

草原上的动物宝宝

跟我一起念我的名字：
ning……māo……
狞……猫……

每个部分的互动问题有助于读者进行与主题相关的交流和思考。

本书最后为父母提供了一些小提示，包括与小动物有关的趣味活动，以及用处很大的术语表。

第一章
动物宝宝基础知识

棕熊

　　动物宝宝的个头儿有的很大，有的很小；有的毛茸茸的，有的浑身光秃秃；有的黏糊糊，还有的长有鳞片……但它们都很可爱！
　　在这一章里，你将了解到本书中提到的不同种群的动物。

哺乳动物和鸟类的宝宝

哺乳动物是长有皮毛的一个动物种群。大多数哺乳动物都是胎生，宝宝出生后都要喝一段时间乳汁，才能吃固体食物。它们用肺呼吸。听起来是不是很熟悉？因为人类就是哺乳动物！

哺乳动物宝宝在小时候需要父母的照顾。在学会觅食和自卫之前，它们会一直待在父母身边。

白尾鹿

10

动物宝宝基础知识

鸟类和哺乳动物都是恒温动物。恒温动物的身体能自行产生热量，即使周围的空气或水很冷，它们也能保持身体温暖。

海獭

啾啾！鸟类是由蛋孵化出来的一个动物种群。大部分种类的雏鸟身上覆盖着柔软的羽毛，名为羽绒。随着雏鸟渐渐长大，羽绒外会长出一层光滑的成羽。

大多数雏鸟在学会飞行前都待在巢里。鸟爸爸和鸟妈妈会把食物带回来，喂给叽叽喳喳的鸟宝宝。等幼鸟学会飞了，就会离巢，自己去寻找食物。

黑顶山雀

爬行动物和两栖动物的宝宝

爬行动物是包括蛇、乌龟和蜥蜴等在内的一个动物种群。它们干燥的皮肤上覆盖着鳞片，或是被称为鳞甲的骨板。大多数爬行动物都是卵生的，但也有一些是胎生的。大多数爬行动物宝宝一出生就能自己觅食，并保护好自己。

丽龟

爬行动物和两栖动物是变温动物，俗称冷血动物。冷血动物没有固定的体温，它们的体温随着周围环境气温的高低而变化。

动物宝宝基础知识

青蛙卵

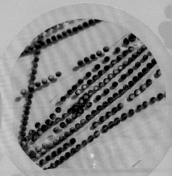

青蛙卵通常是一团儿一团儿的，蟾蜍卵则是一串儿一串儿的。

蟾蜍卵

liǎng qī dòng wù shì bāo kuò qīng wā chán chú
两栖动物是包括青蛙、蟾蜍

hé róng yuán děng zài nèi de yí gè dòng wù zhǒng qún
和蝾螈等在内的一个动物种群。

tā men de pí fū báo ér cháo shī luǎn shēng bìng
它们的皮肤薄而潮湿，卵生，并

qiě luǎn yì bān chǎn zài shuǐ zhōng bǎo bao kē
且卵一般产在水中。宝宝——蝌

dǒu fū huà chū lái hòu dōu zhǎng zhe yǒu zhù yú yóu
蚪孵化出来后，都长着有助于游

yǒng de wěi ba bìng jiàn jiàn zhǎng chū yòng lái pá xíng
泳的尾巴，并渐渐长出用来爬行

de tuǐ tā men shēn tǐ de xíng tài huì fā shēng gǎi
的腿。它们身体的形态会发生改

biàn zhè ge guò chéng bèi chēng wéi biàn tài fā yù
变，这个过程被称为变态发育。

美洲短吻鳄

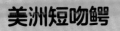

草莓箭毒蛙

13

鱼、章鱼和昆虫的宝宝

许多海洋动物也是由卵孵化出来的。有些鱼和章鱼（一种软体动物）在水中产下数百甚至数千枚卵；也有的鱼把卵保存在体内，然后产下活的幼崽。大多数小鱼一出生就知道如何寻找食物。

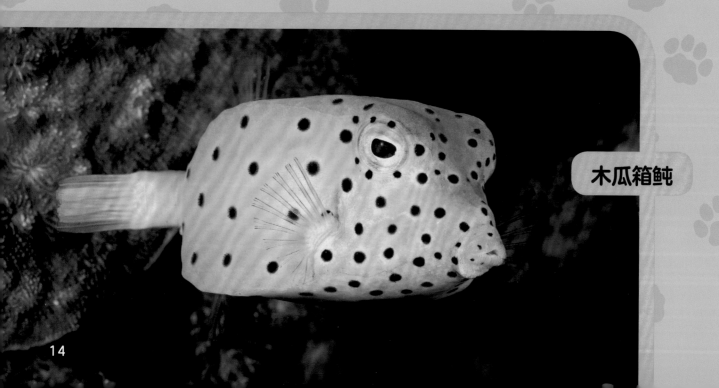

木瓜箱鲀

太平洋巨型章鱼卵和刚孵化
出来的小章鱼

黑脉金斑蝶的幼虫

昆虫也是卵孵化的。泥土中、岩石上、木头上、水里……它们在很多地方产卵。蝴蝶等昆虫会把卵产在植物上，孵化出来的幼虫就以这些植物为食。

黑脉金斑蝶

有些昆虫会经历变态发育，这有点像两栖动物。例如，所有的蝴蝶和飞蛾孵化出来的幼虫，其样子与蝴蝶和飞蛾完全不同。

你出生时是什么样子的？

第二章
草原上的动物宝宝

非洲象

在广阔的草原上，有大大小小的动物宝宝正在玩耍，学习如何生存。

狞猫耳尖上的一簇黑色皮毛可以增强它们的听觉。

母狞猫不挖巢穴，而是使用其他动物留下的空穴。

狞猫

这些可爱的小狞猫长大后会变成凶猛的猎手。

刚出生的狞猫宝宝什么都不会。接下来10多天的时间，它们的眼睛都无法完全睁开。小狞猫喝妈妈的奶，一直待在妈妈身边，这个过程要持续几个星期。

跟我一起念我的名字：
níng……māo……
狞……猫……

之后，它们走出洞穴，和兄弟姐妹们一起玩耍。它们跑跑跳跳，还会摔跤。但它们不仅仅是在玩，也是在练习生存技能，让自己成长为优秀的猎手。

你能跳多高？

小狞猫会和妈妈一起生活1年左右。它们观察和学习妈妈捕猎，很快就能跳3米多高，捕捉到飞行中的鸟儿。

红袋鼠

袋鼠妈妈会把宝宝带在身上！

袋鼠宝宝出生后，它们的样子长得一点儿也不像袋鼠。它们很小，没有毛。小袋鼠抓着妈妈身上的皮毛，爬进妈妈腹部的育儿袋里。在袋子里，小袋鼠能够吮吸到妈妈的乳汁。

在育儿袋里的小袋鼠

袋鼠和其他将幼崽放在育儿袋里的哺乳动物被称为有袋哺乳动物。

和妈妈待在一起，小袋鼠就能远离老鹰和其他捕食者。

几个月后，小袋鼠扭动着钻出育儿袋，在地上跳来跳去。它们吃草和灌木。不过，它们要是想喝奶或感到害怕时，就会爬回育儿袋。小袋鼠长到8个月，体形变大，就无法继续待在育儿袋里了。但有时，它们还会把头伸进去喝奶！

你喜欢在口袋里装什么？

yǒu dài bǔ rǔ dòng wù dà yuē yǒu　　zhǒng　xiàn zài lái jiè
有袋哺乳动物大约有300种。现在来介
shào yì xiē shì jiè gè dì de yǒu dài bǔ rǔ dòng wù bǎo bao hé tā men
绍一些世界各地的有袋哺乳动物宝宝和它们
de mā ma
的妈妈。

短尾矮袋鼠

考拉

负鼠

草原上的动物宝宝

袋鼬

袋熊

袋食蚁兽

沙大袋鼠

23

獾的幼崽出生在地下洞穴中。洞穴里有隧道连接不同的巢室。

獾会在家门口挖坑当厕所用。

你在学校里怎么找到你的朋友？

獾

这些动物会在小时候寻找朋友。

这些幼獾看起来像是在打架。但不用担心，它们只是在玩。幼獾通过玩耍来增进了解。

獾妈妈会照顾宝宝2~3个月。然后，獾宝宝会找到一群獾，和它们一起生活。这群獾里可能有来自它们自己家族的其他獾，但也可能没有。

幼獾加入新的群体，便会爬到成年獾的身下，摩擦它们的腹部。这样一来，宝宝的身上就会有新群体中其他獾的气味了。现在，它们只要闻一闻，就能找到朋友们了！

小象会吮吸鼻子来寻求安慰，就像人类婴儿吮吸拇指一样。

小象的幼牙会脱落，然后长出成年象牙，就像人类的小孩儿换乳牙一样。

26

非洲象

这头小象可以给自己洗澡了！

小象是陆地上最大的动物宝宝，但它们并没有大到能独自生活。小象要在妈妈身边待到 8 岁左右，它们会用鼻子卷住妈妈的鼻子或尾巴。

小象用鼻子呼吸、喝水、闻气味和捡起食物，还能吸起水和泥土喷到空中。它们洗个澡，就能变干净，或凉快下来。

小象可以站着打盹儿！

鸵鸟

小鸵鸟是世界上最大的雏鸟，它不能长时间蹲着不动。

和父母一样，小鸵鸟也不会飞。它们在奔跑时用翅膀帮助保持平衡。

嗒嗒嗒！小鸵鸟们用喙啄开巨大的蛋壳，钻了出来。一开始，父母会给它们带食物回来。但仅仅几天后，小鸵鸟就能出巢了。它们跟着父母寻找种子和树叶吃。如果太热了，它们就挤在妈妈和爸爸的身下乘凉。

鸵鸟是世界上最大的鸟，它们下的蛋也是最大的。

28

草原上的动物宝宝

小鸵鸟吃父母的粪便，这有助于它们消化食物。

在出生后1个月左右，小鸵鸟就能跑了，还跑得很快！小鸵鸟跑起来，就跟汽车在城市街道上行驶的速度一样快。鸵鸟快速奔跑，就能逃离猎豹和狮子等捕食者。

小犀牛会发出尖锐的叫声来呼唤妈妈。犀牛妈妈用一种不同的方式回应，那就是喘粗气。

小犀牛会在妈妈身边待上大约4年。当妈妈再次产下小犀牛，就会把大一点儿的孩子赶走。

黑犀牛

这头小犀牛并不像看上去的那么强壮。

犀牛皮很厚，看起来就像给犀牛穿了一身盔甲。由于没有毛发保护，犀牛皮非常敏感。小犀牛必须学会如何保护自己的皮肤不被烈日晒伤。

小犀牛会跟着妈妈到水坑里游泳，像妈妈一样在泥里打滚儿，这样就能凉快下来。泥巴会黏附在它们的皮肤上，这有助于保护犀牛免受晒伤和蚊虫叮咬。

天气很热，你怎么让自己凉快下来？

黑脉金斑蝶对许多动物来说都是有毒的。它们明亮的橙色就是在警告鸟类和昆虫等捕食者，让它们不要靠近。

黑脉金斑蝶的卵

蝴蝶的生命周期分为卵、幼虫、蛹、成虫四个阶段，属于完全变态。

黑脉金斑蝶

黑脉金斑蝶妈妈会飞很远的距离去产卵。

黑脉金斑蝶会飞行几百公里，去寻找它们的宝宝要吃的植物。它们在乳草叶子的底部一次产一枚卵。

大约4天后，微小的卵就孵化出了一只幼虫。它开始不停地咀嚼乳草叶子。

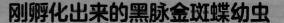

刚孵化出来的黑脉金斑蝶幼虫

33

蝴蝶蛹
一般也称作
"茧"。

黑脉金斑蝶幼虫
正在变成蛹

幼虫吃啊吃啊，不停地吃。它们变得越来越大，长到你手指那么长时就会停止进食。它们悬挂在草秆或树枝上，在身体周围形成一个又硬又薄的蛹壳。在蛹里，奇妙的事情发生了——幼虫慢慢变成了蝴蝶！

草原上的动物宝宝

破茧而出的黑脉金斑蝶

即将破茧而出的黑脉金斑蝶

大约2周后，蛹裂开了。蝴蝶钻出来了。它的翅膀看起来皱巴巴的，还很湿。但很快翅膀就会舒展开，还会变硬。现在蝴蝶展开了翅膀，飞吧，蝴蝶！

你在家附近的什么地方可以找到蝴蝶？

黑背豺

照顾这些宝宝是整个家庭的任务。

gāng gāng chū shēng de hēi
刚刚出生的黑

bèi chái bǎo bao dāi zài dì dòng
背豺宝宝待在地洞

lǐ hē mā ma de rǔ zhī
里，喝妈妈的乳汁。

dàn bìng bú shì zhǐ yǒu hēi bèi chái
但并不是只有黑背豺

mā ma zhào gù zhè xiē bǎo bao
妈妈照顾这些宝宝，

hēi bèi chái bà ba yě zài nǔ lì
黑背豺爸爸也在努力

bǎo hù bǎo bao tā shǒu wèi
保护宝宝——它守卫

dòng xué wài chū bǔ liè bìng
洞穴，外出捕猎并

bǎ shí wù dài huí lái
把食物带回来。

草原上的动物宝宝

黑背豺宝宝与家人一起生活1年左右。

黑背豺宝宝大约6个月大的时候就开始自己捕猎了。

宝宝长到大约3个月大，就会从洞穴里出来玩耍，学习如何捕猎。在亲密的家庭群体中，爸爸妈妈有不少帮手。哥哥姐姐会照顾弟弟妹妹，还给宝宝带来食物，保护它们不被饥肠辘辘的狼、豹子和鬣狗伤害。

你会怎样帮忙照顾小宝宝？

兔宝宝每天只在日出和日落的时候喝妈妈的乳汁。

兔子会排泄两种粪便。它们把其中一种吃掉，获得必需的营养。

东部棉尾兔

这种兔子在出生后的头10天里体长会增加一倍。

兔妈妈会在茂密的草丛中挖一个浅洞当巢穴，并用树叶、草和自己的一些绒毛铺垫在穴中，为宝宝们打造一个柔软舒适的家。小兔子出生时很小，身上也没有毛。一周后，它们就会长出很软的毛。

2周后，小东部棉尾兔已经准备好离巢了。它们跳来跳去找草吃，还会和兄弟姐妹一起玩儿。再过大约一个月，兄弟姐妹们就会蹦跳着离开，去独立生活了。

你能跳多远？

39

第三章
水中的动物宝宝

小野鸭

它们游来游去，溅起水花，一头潜入水下！这些小野鸭生活在世界各地。

卵

成千上万只丽龟同一时间在同一片海滩上产卵，这被称为"阿里巴达"现象。"阿里巴达"是西班牙语，意为"到达"。

丽龟

这些小海龟一出生就开始了一段危险的旅程。

丽龟又名榄蠵龟，因其壳呈橄榄绿或灰绿色而得名。刚孵化出来的小海龟是黑色的，长大后龟壳颜色会发生变化。

在漆黑的夜晚，雌丽龟游到海滩上。它们在沙子里挖坑、产卵，然后用沙子把卵盖住。接着，它们就会回到海里。

2个月后，小丽龟孵化出来了。铺天盖地的小丽龟用鳍状肢在沙滩上爬行着冲向大海。许多小丽龟被饥饿的海鸟和鬼蟹吃掉了。

到达海里的小海龟会游泳，潜入水下寻找食物。

雄性丽龟一生都待在海里，雌性丽龟则会回到它们出生的海滩产卵。

你认为丽龟妈妈为什么会产这么多卵？

怀氏海马

这些小海马在爸爸体内长大。

你知道海马爸爸会带宝宝吗？海马妈妈把卵产在海马爸爸腹部的育儿袋里。

3周后，卵孵化了。小海马离开育儿袋，在海里游来游去。它们和兄弟姐妹待在一起。

和其他很多鱼类一样，海马宝宝也不需要父母的照顾。它们可以自己找吃的，整天都在吃啊吃啊。小海马没有牙齿，因此会把食物囫囵吞下。

海马能迅速改变体色，以融入周围环境中隐藏起来。

海马可以
用尾巴抓住东西，
还可以钩住其他
海马的尾巴。

小海马

你喜欢和谁牵手？

大火烈鸟

这些小火烈鸟看起来不太像它们的父母。

大火烈鸟的雏鸟育婴所有多达3 000只雏鸟！

一只毛茸茸的灰色小火烈鸟在泥巢里孵化出来。父母喂养它的是大多数鸟类都没有的东西：一种叫嗉囊乳的红色液体。这些红色液体是从父母的喙中流出来的。

雏鸟1周大的时候，就会和一大群雏鸟待在一起，那里就像一个大型的雏鸟育婴所。几只成年大火烈鸟负责照顾这一大群雏鸟，其他的鸟爸爸、鸟妈妈则去寻找食物。

47

chú niǎo zài yù yīng suǒ qī jiān
雏鸟在育婴所期间，
fù mǔ yī rán huì gěi tā men wèi shí
父母依然会给它们喂食。
jí shǐ chú niǎo qún li yǒu chéng qiān shàng
即使雏鸟群里有成千上
wàn zhī niǎo fù mǔ yě néng shí bié
万只鸟，父母也能识别
zì jǐ bǎo bao de jiào shēng bìng hěn
自己宝宝的叫声，并很
kuài zhǎo dào tā
快找到它。

大火烈鸟
父母用泥巴做
成火山形状的
鸟巢。

liǎng sān gè yuè dà de shí hou chú niǎo
两三个月大的时候，雏鸟
jiù kāi shǐ zì jǐ mì shí xiàn zài tā men
就开始自己觅食。现在，它们
kě yǐ chī nà xiē néng ràng yǔ máo hé tuǐ biàn
可以吃那些能让羽毛和腿变
chéng fěn hóng sè de shí wù le huǒ liè niǎo
成粉红色的食物了。火烈鸟
huì biàn chéng fěn hóng sè shì yīn wèi tā men
会变成粉红色，是因为它们
chī de fú yóu shēng wù hé zǎo lèi hán yǒu dà
吃的浮游生物和藻类含有大
liàng de xiā qīng sù
量的虾青素。

大火烈鸟的宝宝需要2~3年才能变成粉红色。

迄今为止，人们发现的最大的太平洋巨型章鱼的重量，相当于3头亚洲象宝宝。

太平洋巨型章鱼宝宝的每条腕足上有14个吸盘。成年巨型章鱼的每条腕足上有多达280个吸盘。

太平洋巨型章鱼

世界上最大的章鱼是从一枚小小的卵中孵化出来的。

太平洋巨型章鱼的宝宝身体是透明的，需要隐藏时，它们会立即改变身体颜色。

在海洋的一个洞穴里，一只雌太平洋巨型章鱼产下了数千枚卵。它把一串串的卵挂在洞穴顶上，并守护它们6个月。

章鱼妈妈会喷水，将孵化出的小章鱼冲到海水中。小章鱼在海面附近漂浮几个月，以微小的生物为食。之后，它们向更深的地方游去，开始不断生长。太平洋巨型章鱼一生都在长大。

你觉得你能长多高？

海獭

这些海獭宝宝生下来就能漂浮在水上。

海獭宝宝在海洋中出生，但直到 1 个月大的时候才能学会游泳。那这些宝宝是怎样生活在水中的呢？原来，它们那身厚厚的皮毛可以锁住大量空气，这样它们就能浮在水面上了。但大多数时候，海獭妈妈会把宝宝放在自己的肚子上。

海獭妈妈正在把贻贝喂给小海獭吃。

小海獭会和妈妈在一起待6~8个月。

海獭的皮毛是所有动物中最厚的。

你借助什么东西漂在水面上？

bǎo bao chī mā ma zhuō huí lái de hǎi
宝宝吃妈妈捉回来的海

yáng dòng wù　　hǎi tǎ mā ma zài qián shuǐ
洋动物。海獭妈妈在潜水

mì shí qián　　huì bǎ xiǎo hǎi tǎ guǒ zài hǎi
觅食前，会把小海獭裹在海

zǎo li　　miǎn de bǎo bao piāo zǒu
藻里，免得宝宝漂走。

53

小野鸭舒服地蜷伏在妈妈筑的巢里。

野鸭

野鸭妈妈为可爱的宝宝们开路。

野鸭蛋

小野鸭在孵化出来的第一天，就可以离巢活动了。鸭妈妈把它们带到水里。小鸭子们排成一列跟着妈妈，然后跳入水中，开始游泳。它们把头伸到水下寻找食物。

野鸭妈妈在水边的高草丛中筑巢。

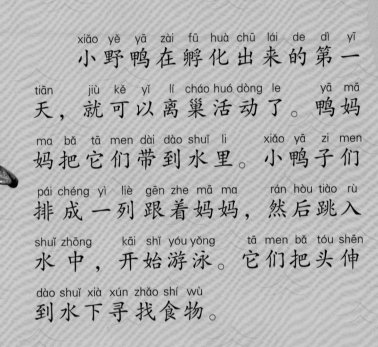

只有野鸭妈妈才会嘎嘎叫。

鸭妈妈从水里上岸，所有小鸭也会跟着上岸。小鸭子们偎依着妈妈。它们会在妈妈身边待2个月，等它们能飞了，就要准备独立生存了。

55

这只小鳄鱼正在破壳而出。你好，小短吻鳄！

美洲短吻鳄

这些美洲短吻鳄宝宝在妈妈的嘴里兜风。

一小群刚刚孵化出来的小短吻鳄。

在泥巴做的巢穴里，小短吻鳄会从坚硬的壳里呼唤妈妈。它们有一颗特殊的牙齿，可以帮助它们破壳而出。假如蛋壳没破，妈妈就用嘴把壳打破。

小短吻鳄一孵化出来，妈妈就用嘴轻轻地衔着它们，把它们带到水中。妈妈的牙齿虽然很锋利，但不会伤害小宝宝。

小短吻鳄会游泳，也会自己觅食，但它们会在妈妈身边待1年左右。妈妈会阻止浣熊、熊、水獭和苍鹭等捕食者靠近，还让小短吻鳄骑在它的口鼻上！

动物还会用什么方式把宝宝带在身上？

河马

这只小河马和妈妈非常亲密。

快生宝宝的时候，河马妈妈就会离开它所在的河马群。它想和宝宝单独在一起。

小河马通常在水下出生。河马妈妈会把小河马推到水面上呼吸。小河马潜入水中喝妈妈的奶，喝奶的时候会闭上耳朵和鼻孔，免得进水。小河马待在水里，有助于免受鬣狗和狮子等捕食者的伤害。

河马的皮肤会渗出一种红色的黏稠液体，防止晒伤。

河马的身躯虽然庞大，但它在水中活动时很灵活。

59

河马可以在水下睡觉，并浮到水面呼吸，但并不会醒来。

hé mǎ mā ma huì hé xiǎo hé mǎ dān dú dāi zài yì qǐ　tā men yòng bí zi
河马妈妈会和小河马单独待在一起。它们用鼻子
cèng duì fāng　yī wēi zài yì qǐ　zhè zhī hòu　hé mǎ mā ma huì dài zhe xiǎo hé
蹭对方，依偎在一起。这之后，河马妈妈会带着小河
mǎ huí dào hé mǎ qún zhōng　xiǎo hé mǎ kāi shǐ hé qí tā xiǎo huǒ bàn wán shuǎ
马回到河马群中。小河马开始和其他小伙伴玩耍。

wǎn shang　xiǎo hé mǎ gēn zhe mā ma qù zhǎo cǎo chī　jí shǐ yǒu xīn de xiōng
晚上，小河马跟着妈妈去找草吃。即使有新的兄
dì jiě mèi chū shēng　tā yě huì zài mā ma shēn biān dāi shàng　nián zuǒ yòu
弟姐妹出生，它也会在妈妈身边待上7年左右。

水中的动物宝宝

只有小木瓜箱鲀是亮黄色的。随着它们一点点长大，雌鱼会变成深黄色，雄鱼则会变成蓝灰色。

遇到危险时，木瓜箱鲀会向水中释放毒素。

木瓜箱鲀

这种鱼因其四四方方的形状而得名。

mù guā xiāng tún yǐ shān hú jiāo wéi yǎn hù zài shuǐ zhōng chǎn luǎn rán hòu yóu
木瓜箱鲀以珊瑚礁为掩护，在水中产卵，然后游

kāi luǎn fū huà hòu xiǎo mù guā xiāng tún huì zài shān hú shang xiū xi
开。卵孵化后，小木瓜箱鲀会在珊瑚上休息。

tā men yóu lái yóu qù xún zhǎo shí wù jiàn jiàn de zhǎng
它们游来游去寻找食物，渐渐地长

dà tā men de qí shí fēn xì xiǎo fēi cháng shì hé jǐn tiē
大。它们的鳍十分细小，非常适合紧贴

zài shān hú jiāo shang kòng zhì kuài zhuàng shēn tǐ zài wān wān qū
在珊瑚礁上，控制块状身体在弯弯曲

qū de shān hú zhī jiān yóu dòng
曲的珊瑚之间游动。

tā men hái bù néng zài kāi kuò de shuǐ yù yóu yǒng
它们还不能在开阔的水域游泳，

yīn wèi jí liú huì bǎ tā men chōng zǒu
因为急流会把它们冲走。

成年木瓜箱鲀
的皮肤下有坚硬
的骨板。

成年雌性木瓜箱鲀

你能说出其他方块
形状的东西吗？

第四章

山间和沙漠里的
动物宝宝

黑尾草原犬鼠

　　攀爬和挖掘这样的技能可以帮助小动物们在陡峭的山坡或干燥的沙漠中生存。

棕熊宝宝会和
妈妈一起生活
2~3年。

棕熊

小熊们跟着妈妈去寻找最美味的食物。

zōng xióng mā ma zài dòng xué li shuì jiào　dù guò zhěng gè dōng tiān　xiǎo xióng men zài zhè ge
棕熊妈妈在洞穴里睡觉，度过整个冬天。小熊们在这个

shū shì de jiā li chū shēng　gāng chū shēng de shí hou shén me dōu kàn bú jiàn　shēn shang yě méi yǒu
舒适的家里出生，刚出生的时候什么都看不见，身上也没有

máo tóu jǐ gè yuè　tā men hē mā ma de nǎi　jiàn jiàn de zhǎng chū máo fà　shēn tǐ yě yuè
毛。头几个月，它们喝妈妈的奶，渐渐地长出毛发，身体也越

lái yuè dà
来越大。

chūn tiān dào le　tiān qì biàn de nuǎn huo
春天到了，天气变得暖和

qǐ lái　xiǎo xióng men gāi lí kāi dòng xué
起来，小熊们该离开洞穴

le　tā men xiàn zài yǐ jīng zhǔn bèi hǎo
了。它们现在已经准备好

gēn zhe mā ma dào chù pǎo le　mā
跟着妈妈到处跑了。妈

ma dài tā men qù chī duō zhī de jiāng
妈带它们去吃多汁的浆

guǒ　jiāo tā men bǔ yú hé xún zhǎo
果，教它们捕鱼和寻找

měi wèi de kūn chóng
美味的昆虫。

67

xiǎo xióng men zì jǐ pá
小熊们自己爬
shàng shù qù xún zhǎo nián chóu
上树去寻找黏稠
gān tián de fēng mì mā ma
甘甜的蜂蜜。妈妈
zé zài dì shang děng zhe
则在地上等着。

棕熊
有非常灵敏的
嗅觉。

bú mì shí de shí hou　　xiǎo xióng men xǐ huan
不觅食的时候，小熊们喜欢

zài yì qǐ wán shuǎ　　tā men niǔ dǎ chéng yì tuánr
在一起玩耍。它们扭打成一团儿，

jiù zhè yàng xué huì le bǎo hù zì jǐ
就这样学会了保护自己。

山间和沙漠里的动物宝宝

在吃得很
饱的时候，棕熊
会在地面上挖一个
洞，这样躺下后就
能把肚子放在洞
里面了。

你去哪里找浆果？

阿尔卑斯羱羊

这些野生山羊出生后不久就成了
优秀的攀岩者。

xiǎo ā ěr bēi sī yuán yáng yì chū shēng
小阿尔卑斯羱羊一出生

jiù huì zǒu huì tiào hěn kuài jiù néng zài shān
就会走会跳，很快就能在山

pō shang zhàn wěn jiǎo gēn jǐ zhōu hòu tā
坡上站稳脚跟。几周后，它

men biàn gēn suí mā ma lái dào dǒu qiào de yán
们便跟随妈妈来到陡峭的岩

bì shang
壁上。

阿尔卑斯羱羊
妈妈用鼻子闻，
在羊群中寻找它
的孩子。

小阿尔卑斯羱羊跟着妈妈与其他成年雌羊生活在一起，直到1岁左右。

数一数阿尔卑斯羱羊角上的脊，就能知道它的年龄。

小阿尔卑斯羱羊喜欢玩儿。它们跑啊跳啊，把对方从岩石上挤下去。它们还把头撞在一起假装打架。如果小羊跑得离妈妈太远，妈妈就会发出咩咩的叫声。小羊也会咩咩叫，回应妈妈。

你觉得这只羱羊多大了？数一数它角上的脊就知道了。

金雕

这些小毛球会变成巨大的猛禽。

金雕的爸爸妈妈在悬崖上、树上或地上建造巨大的巢穴。在巢里，骨瘦如柴的粉红色小金雕从有斑点的蛋中孵化出来。它们长着灰白色的绒毛，很快就会长出一些黑色的羽毛。

金雕妈妈和金雕爸爸要花4~6周的时间为小金雕筑巢。

妈妈和小金雕待在一起，爸爸出去觅食，并把食物带回来。小金雕不会飞，但它们会跳会走，还会用翅膀保持平衡。

大约10周大，小金雕就会学习飞行。这个时候，它们就要开始自己捕食了。

如果你会筑巢并住在里面，你会建造一个什么样的巢？

草原犬鼠不是犬，它们与松鼠是近亲。

一个"城镇"里甚至可以生活着成千上万只草原犬鼠。

草原犬鼠一家

黑尾草原犬鼠

这些小型哺乳动物生活在大"城镇"里。

草原犬鼠的宝宝和它们的家人生活在地下洞穴中，那里就像一个"城镇"。这个"城镇"由许多洞室组成，各个洞室之间都有隧道相连。有的洞室是用来睡觉的，有的是用来养育宝宝的，有的则被当作厕所用！

幼鼠们在一个叫育婴室的洞室里依偎在一起。它们在这里喝妈妈的奶。大约6周大的时候，幼鼠们就会离开育婴室。它们匆匆穿过隧道，第一次拥抱外面的世界。

草原犬鼠用一种特殊的歌舞，告诉同伴外面很安全。

75

耳廓狐

这只小狐狸的大耳朵能听到沙砾下猎物的声音。

xiǎo ěr kuò hú men hé mā ma yī wēi zài shā dì shēn chù de
小耳廓狐们和妈妈依偎在沙地深处的

dòng xué li　　tā men hē mā ma de rǔ zhī　　bà ba huì gěi mā
洞穴里。它们喝妈妈的乳汁，爸爸会给妈

ma dài lái shí wù　　yì kāi shǐ　　yòu hú de ěr duo hěn xiǎo
妈带来食物。一开始，幼狐的耳朵很小，

hái xiàng qián zhé dié　　dàn màn màn de yuè zhǎng yuè dà
还向前折叠，但慢慢地越长越大。

xiǎo ěr kuò hú　　gè yuè dà shí jiù huì chū dòng qù
小耳廓狐 1 个月大时就会出洞去。

xiàn zài　　tā men yǒu le bēn pǎo hé tiào yuè de kōng
现在，它们有了奔跑和跳跃的空

jiān　　jìn qíng de hé bà ba
间，尽情地和爸爸

mā ma　　xiōng dì jiě
妈妈、兄弟姐

mèi wán zhuī zhú yóu xì
妹玩追逐游戏。

耳廓狐足底软长的细毛可以防止脚爪被炽热的沙子灼伤。

耳廓狐的大耳朵能释放热量，保持身体的凉爽。

这些生活在沙漠的狐狸，可以在没有水的情况下走很长时间。

yán rè de bái tiān ěr
炎热的白天，耳

kuò hú dà bù fen shí jiān dōu
廓狐大部分时间都

dāi zài dòng xué li tā men
待在洞穴里。它们

wǎn shang chū lái zhǎo shí wù
晚上出来找食物。

ěr kuò hú néng tīng dào zài shā
耳廓狐能听到在沙

li huó dòng de xiǎo dòng wù de
里活动的小动物的

shēng yīn rán hòu měng pū
声音，然后猛扑

guò qù
过去。

你在户外能听到什么声音？

77

这些穴鸮可以发出像响尾蛇一样的咝咝声，吓跑捕食者。

穴鸮

这些小穴鸮在泥土里打滚儿来清洁身体。

穴鸮在地下隧道里筑巢。草原犬鼠或龟挖的废弃地洞对这些毛茸茸的幼鸮来说是不错的家。

穴鸮妈妈和新生的幼鸮在一起，穴鸮爸爸负责觅食。幼鸮长到2周大时，妈妈也开始捕猎。幼鸮在洞穴口附近等待爸爸妈妈带食物回来。

穴鸮爸爸妈妈把食物直接喂进幼鸮的嘴里。

幼鸮会扑向食物，就像在捕猎一样，它们还会跳到彼此身上！到了大约6周大的时候，幼鸮就会离开洞穴自己去觅食。

第五章
森林里的动物宝宝

白尾鹿

在森林里，动物宝宝在树上、地面和地下出生。

大熊猫宝宝的叫声听起来很像人类婴儿的哭声。

刚出生的大熊猫宝宝每天要喝14次奶。

如果你大部分时间只能吃一种食物，你会选择什么？

大熊猫

新生的宝宝比大熊猫妈妈的耳朵还小。

在洞穴或树洞里，大熊猫妈妈生下了一只小宝宝。小宝宝长着粉红色的皮肤，很就快会长出毛茸茸的白色皮毛。大约1个月后，它的皮毛呈现出黑白花纹。

只要大熊猫妈妈想跟宝宝玩，哪怕宝宝在睡觉，妈妈也会把它们叫醒。

大熊猫妈妈一直把宝宝带在身边，或是用爪子抓着宝宝，或是用嘴衔着它。宝宝长到几个月大就会爬了，还会摇摇晃晃地走。1年后，大熊猫宝宝才能跑和爬树。

大熊猫宝宝一开始喝奶，然后开始吃竹子。大熊猫每天大部分时间都在嚼竹叶和竹子的嫩枝儿。

黑顶山雀

这种小鸣禽的头是黑色的，很容易辨认。

hēi dǐng shān què de bà ba mā ma zài yì kē kū shù de ruǎn mù
黑顶山雀的爸爸妈妈在一棵枯树的软木

tou lí zhù cháo   tā men bǎ yǔ máo   tái xiǎn hé dòng wù de máo fà
头里筑巢。它们把羽毛、苔藓和动物的毛发

pū zài cháo li   mā ma yào fū dàn   zhōu   bà ba fù zé bǔ shí
铺在巢里。妈妈要孵蛋2周，爸爸负责捕食。

黑顶山雀的超长叫声可能是在警告附近有捕食者。

它的叫声听来是叽叽叽、嘀嘀嘀。

黑顶山雀会把食物藏起来留待以后再吃。它们能记住成千上万个藏食物的地点！

森林里的动物宝宝

雏鸟孵化出来2周后，长出了毛茸茸的羽毛。它们已经准备好飞行了。黑顶山雀一家离开了巢穴，一起四处飞行。

刚会飞的雏鸟饿了就叫。接下来的几个星期，鸟妈妈和鸟爸爸仍会捕捉毛虫给它们吃。雏鸟会把毛虫整个吞下去。

你能模仿鸟叫吗？

一只树懒的皮毛里可能有近千只蛾子和甲虫！

二趾树懒

这只黏人的树懒宝宝不愿放开妈妈。

树懒挂在树枝上时可以做任何事。它们倒挂在树上吃东西、睡觉，甚至是产崽！树懒宝宝一出生，就紧紧抓住妈妈的皮毛，喝妈妈的奶。

接下来6~9个月的时间里，树懒妈妈带着宝宝到处走。宝宝学会了去哪里找最美味的树叶和最多汁的水果。

树懒宝宝出生时毛发很短。要过几个月，它们才能长出成年树懒那样的长毛发。

87

树懒擅长游泳，但不擅长走路。在地上，它们肚子贴着地面，匍匐前进。

森林里的动物宝宝

树懒宝宝长而弯曲的爪子有助于它们在小时候紧紧抓住妈妈，长大后能抓紧树枝。

树懒通常在夜间活动。它们白天睡觉，晚上觅食。

树懒宝宝也明白了树懒要去地面的一个原因——妈妈带着宝宝从树上下来，在森林的地面上大便，每周一次。然后，它们又会爬回高处的树枝。

树懒长到1~2岁，就该离开妈妈生活了。但它不会走远，有时只是到妈妈旁边的树上，甚至可能在那里度过余生。

你一周只做一次的事情有哪些？

它们用背部分泌的毒液来对付捕食者。

草莓箭毒蛙的蝌蚪是棕色的，长大后就会变成色彩鲜艳的毒蛙！

蝌蚪

草莓箭毒蛙

这只两栖动物骑在妈妈的背上。

凤梨科植物上的蝌蚪

一只小巧的草莓箭毒蛙在森林的地面上产卵。卵孵化出蝌蚪，而蝌蚪需要水。

雌蛙把蝌蚪宝宝放在背上，爬到高高的凤梨科植物上。这种杯状植物能储满雨水。每只蝌蚪都有独立的小水池。

每天，雌蛙都会来到水池边，产下一种特殊的卵，供蝌蚪们食用。

如果每个小水池里有不止一只蝌蚪，较大的就会吃掉较小的。

草莓箭毒蛙蝌蚪长到米粒那么长时，就会长出腿，尾巴也慢慢消失了。现在，它们已经是蛙了。它们离开小水池，开始去探索森林。

豹子

它们从一个洞穴转移到另一个洞穴，
以保证宝宝的安全。

幼豹偷偷接近、猛扑并追逐它们的兄弟姐妹，从而练习捕猎技能。

豹子会把宝宝
藏在岩穴或树洞
里。豹妈妈捕猎
时不会带上宝宝，
通常会把宝宝转移到另一个
隐藏地点，以免捕食者发现
它们。豹妈妈会咬住宝宝的后
脖颈，叼着它们转移。

6~8 周后，宝宝已经长
大，可以跟着妈妈到处走，学
习捕猎了。

宝宝会和妈妈待1~2年。这之后，它们开始独自生活。

森林里的动物宝宝

豹擅长爬树。

你小时候父母是怎么抱着你的？

这些野生猫科动物的宝宝可爱极了！

沙猫宝宝

老虎宝宝

94

森林里的动物宝宝

狮子宝宝

山猫宝宝

云豹宝宝

一只犰狳妈妈找来树叶，把洞穴布置得舒舒服服，让宝宝们居住。

九带犰狳

九带犰狳是哺乳动物，身上长着有助于保护自身安全的"盔甲"。

尽管叫九带犰狳，但它们的背上有7~11道条纹。

九带犰狳宝宝出生在地洞里。新生宝宝的皮肤柔软而坚韧。长大后，它们的皮肤会变硬，形成保护身体上部的骨板。它们的腹部很柔软，覆盖着皮毛。

宝宝长到几周大就会离开地洞。它们开始寻找食物，用爪子挖昆虫吃。它们长着又长又黏的舌头，一顿饭能吃掉数千只蚂蚁！

九带犰狳的宝宝几乎都是一模一样的四胞胎。

97

几个月大的时候，雄鹿开始长角。雌鹿不长角。

小雄鹿一年后离开妈妈，但小雌鹿通常会和妈妈一起待上2年。

你的衣服能让你融入周围环境，还是更引人注目？

白尾鹿

这些白尾鹿宝宝藏在森林的地面上。

小白尾鹿一出生就能站起来，妈妈会舔干净它的身体。小白尾鹿喝了一些奶，便蜷缩进一个浅洞里。它的皮毛上长着斑点，不易被捕食者发现，所以妈妈出去觅食期间小鹿很安全。

大约1个月后，白尾鹿妈妈会带着小鹿走出森林，与其他鹿妈妈和幼鹿会合。有时，两只小鹿用后腿站立，用前腿打闹。它们是在学习如何保护自己免受狼和其他捕食者的伤害呢。

苏门达腊猩猩

这种哺乳动物一生都在树上度过。

小猩猩会发出很多声音。它们会吱吱叫、尖叫、吠叫，还会发出吮吸声和打嗝声，用这样的方式进行交流。

sū mén dá là xīng xing bǎo bao zài gāo gāo de shù dǐng de cháo zhōng chū
苏门达腊猩猩宝宝在高高的树顶的巢中出

shēng dàn xiǎo xīng xing hé mā ma hěn kuài jiù huì yōng yǒu yí gè xīn cháo
生。但小猩猩和妈妈很快就会拥有一个新巢。

měi tiān mā ma dōu huì zhǎo yí gè bù tóng de dì fang bǎ shù zhī
每天，妈妈都会找一个不同的地方把树枝

wān qū bìng biān zhī zài yì qǐ tā bǎ shù
弯曲并编织在一起。它把树

yè pū zài cháo li yòng shù zhī zuò
叶铺在巢里，用树枝做

zhěn tou
枕头。

猩猩宝宝会对妈妈微笑，饿了会哭，就像人类的婴儿一样。

100

小猩猩用四只爪子紧紧地抱住妈妈，它要在妈妈身边待大约10年。

在最初的约 3 个月里，小猩猩只喝奶。但一旦开始吃水果和树叶，它就不会太挑剔了。妈妈会教小猩猩尝试吃数百种不同的食物！

你今天吃了多少种不同的食物？

第六章
极地里的动物宝宝

北极熊

在地球上最寒冷的地方，特殊的皮毛、脂肪和羽毛为这里的动物宝宝保暖。

北极熊宝宝长到2岁左右便开始独立生活。

北极熊妈妈乳汁里含有的脂肪是人类乳汁的10倍。摄入较多的脂肪有助于宝宝保暖。

北极熊

雪洞是这些宝宝舒适的家。

北极熊妈妈在冰雪中挖了一个洞。产崽后，它整个冬天都待在洞里冬眠，而宝宝喝它的奶。

北极熊宝宝在雪地上摩擦皮毛，这就相当于在洗澡了。

春天，熊妈妈和宝宝会离开舒适的洞穴。它们有厚实的皮毛，还有厚厚的脂肪，这都有助于它们保暖。

小熊们在雪地里玩耍，在冰上滑行，甚至还会骑在妈妈背上！

宝宝们观察妈妈，学习如何捕猎。它们吃妈妈抓的海豹，也会自己潜水捉鱼和海豹。

你搭建过洞穴吗？用的是什么材料？

105

白鲸是唯一能转动头部的鲸类。

白鲸有时被称为海洋金丝雀，这是因为它们能发出各种声音，比如哞哞声、叽喳声、口哨声，甚至还能发出类似铃声的声音。

白鲸宝宝大概需要长达8年的时间才会变成白色。

白鲸宝宝

白鲸妈妈

白鲸

白鲸宝宝是深灰色的。

白鲸宝宝一出生，白鲸妈妈就会和另一只母鲸把它推到海面上呼吸。白鲸宝宝通过头顶的喷气孔呼吸。

白鲸宝宝会游到妈妈身边喝奶，它要在妈妈身边待上大约2年。

1年后，白鲸宝宝学会了捕食海洋生物。白鲸有牙齿，但它们并不用牙齿咀嚼食物，而是把食物吸进嘴里，囫囵吞下去。

白鲸头部的圆状结构叫额隆。

你能发出哪些不同的声音？

107

帝企鹅

帝企鹅爸爸会把蛋藏起来。

帝企鹅不会把蛋放在巢里。帝企鹅妈妈生下蛋后身体很虚弱，帝企鹅爸爸接过蛋，藏在温暖的育儿袋里，孵化大约2个月。宝宝孵出来后，就坐在爸爸或妈妈的身下。

很多只帝企鹅成群生活在一起。

帝企鹅爸爸妈妈轮流去海上觅食。当一方捕猎时，另一方会守护在小企鹅身边。爸爸或妈妈捕猎回来，会鸣叫着，在一大群企鹅中寻找自己的家人。

长到1岁左右，帝企鹅宝宝的绒毛就会脱落，长出防水的羽毛。

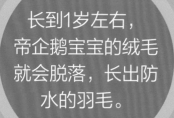

帝企鹅蛋

早期的探险家称这些帝企鹅宝宝为"毛企鹅"，因为它们长着棕色的绒毛，看起来和爸爸妈妈很不一样。

你能编首歌帮助家人找到彼此吗？

海象宝宝
3~6个月大的时候
开始长出长牙。

海象

这种哺乳动物的胡须用处很大。

海象生活在冰上。海象妈妈时时刻刻都在照管自己的孩子，觅食的时候也会把宝宝带在身边。有时，当海象妈妈游泳时，宝宝会骑在它的背上；有时，海象妈妈会用鳍状肢抱着宝宝。

海象宝宝可以在任何时候喝到奶，即使是在妈妈游泳的时候！海象宝宝跟着妈妈来到海底，看妈妈寻找食物。很快，海象宝宝就学会了如何利用胡须寻找蛤蜊和海蜗牛。它们用嘴把肉吸出来，把壳丢掉。

胡须

111

海象的脂肪可达10厘米厚，有助于保暖和漂浮在水上。

海象宝宝会在妈妈身边待3年左右，然后和其他雌海象、小海象在一起生活。它们互相紧挨着，在阳光下取暖。雌性小海象通常会加入妈妈所在的海象群，雄性小海象先在群里待上几年，之后便会离开，去寻找雄海象群。

出生1~2个月后，海象宝宝脱掉绒毛，长出新毛。

如果你觉得冷了，会怎样取暖呢？

牛犊出生后不久就能吃固体食物，但它们还是要喝1年的奶。

你最喜欢藏在哪里？

麝香牛

这些牛犊有一个特殊的藏身之处。

出生不到1个小时，小麝香牛就能站起来喝奶了。几个小时后，它们就能走路了，还能跟上妈妈的脚步。在皮毛变厚之前，这些宝宝需要妈妈给它们保暖。它们躲在妈妈温暖的长毛下面，从而免受严寒的侵袭。

牛犊的脑袋上有隆起物，以后会从那里长出大而弯曲的牛角。

小麝香牛在玩耍的时候会互相追逐，挤来挤去。

整个牛群一起保护牛犊的安全。有饥饿的狼或其他捕食者靠近，成年麝香牛就会围成一圈，把牛犊护在圈内。

115

北极狼

这些宝宝必须学会与狼群一起捕猎。

běi jí láng bǎo bao zài yán shí dòng xué de
北极狼宝宝在岩石洞穴的
wō li chū shēng yì kāi shǐ chú le mǔ
窝里出生。一开始，除了母
rǔ tā men bù xū yào qí tā shí wù dà
乳，它们不需要其他食物。大
yuē zhōu hòu tā men jiù néng kàn néng
约3周后，它们就能看、能
tīng néng zǒu le zhè ge shí hou tā men
听、能走了。这个时候，它们
jiù kě yǐ lí kāi láng wō le
就可以离开狼窝了。

刚出生的北极狼是灰色的。不出一年，它们的皮毛就会变成白色。

北极狼是灰狼的一种，但它们大多数时候是白色的，这有助于它们与冰雪环境融为一体，这是一种保护色。

117

狼群通常包括妈妈、爸爸、狼崽和哥哥、姐姐。

狼群中所有的成年北极狼都会帮着照顾狼宝宝。它们带回肉给新出生的狼宝宝吃。成年狼捕猎归来，狼宝宝们会发出呜咽声，舔成年狼的嘴。成年狼把它们咀嚼和吞下的食物吐出来，喂给狼宝宝吃。

狼宝宝在玩耍中练习捕猎技能，比如悄悄接近和猛扑。大约10个月大时，狼宝宝就开始和狼群一起捕猎。食物较少的时候，狼群的首领就让狼宝宝先吃。在接下来的1年里，狼宝宝们将学习合作捕猎像驯鹿这样的大型动物。

图书在版编目（CIP）数据

动物宝宝百科 /（美）玛雅·迈尔斯著；刘勇军译 . —
成都：四川少年儿童出版社，2022.9
（国家地理：经典百科全书）
ISBN 978-7-5728-0866-1

Ⅰ . ①动… Ⅱ . ①玛… ②刘… Ⅲ . ①动物－儿童读物
Ⅳ . ① Q95-49

中国版本图书馆 CIP 数据核字 (2022) 第 145003 号

GUOJIA DILI JINGDIAN BAIKE QUANSHU

国家地理 经典百科全书

DONGWU BAOBAO BAIKE

动物宝宝百科

［美］玛雅·迈尔斯 / 著　　　刘勇军 / 译

出 版 人　常　青
项目统筹　高海潮
特约策划　上海懿海文化传播中心
责任编辑　左倚剑

责任校对　张舒平
责任印制　李　欣
封面设计　向俞萱
书籍制作　唐艺溢

出　　版：四川少年儿童出版社
地　　址：成都市锦江区三色路238号
经　　销：新华书店
网　　址：http://www.sccph.com.cn
网　　店：http://scsnetcbs.tmall.com
印　　刷：四川世纪之彩印刷包装有限公司
成品尺寸：225mm×215mm

开　本：20
印　张：6
字　数：120千
版　次：2023年11月第1版
印　次：2023年11月第1次印刷
书　号：ISBN 978-7-5728-0866-1
定　价：40.00元

照片作者